MASSAGE COSMÉTIQUE

Par le Professeur L. ZABLUDOWSKI

Directeur de l'Institut de massage de l'Université de Berlin

PARIS
H. MALOINE, Editeur
10, RUE MONSIEUR-LE-PRINCE, 10

1905

MASSAGE COSMÉTIQUE

Par le Professeur L. ZABLUDOWSKI

Directeur de l'Institut de massage de l'Université de Berlin

PARIS
H. MALOINE, Editeur
10, RUE MONSIEUR-LE-PRINCE, 10

1905

Imprimerie ACHARD, Dreux (Eure-et-Loir)

MASSAGE COSMÉTIQUE [1]

Par le Professeur J. ZABLUDOWSKI

Directeur de l'Institut de massage de l'Université de Berlin

« Que pensez-vous du massage exécuté dans un but cosmétique c'est-à-dire dans le but d'accroître la beauté du visage et du corps ? » voilà une question que posent de nos jours de nombreuses personnes. En faisant cette question, l'on désire, d'ordinaire, obtenir des renseignements sur les divers moyens utilisés, et l'indication de ceux qu'on peut particulièrement recommander.

Si l'on met à part ceux qui dans un but tout spécial désirent exciter la pitié par leur extérieur et tiennent à paraître malheureux et pitoyables, tous les humains ont en général tendance à vouloir paraître jeunes, pleins de fraîcheur et tout à fait dispos.

Ces tendances se manifestent tout spécialement à l'époque où la fleur de la jeunesse commence un peu à passer, et aussi au moment, où des raisons diverses ont été la cause d'altérations du corps et de l'être moral et ont entraîné avec elles des défectuosités, qui nuisent à l'extérieur qu'on voudrait conserver régulier et agréable.

Ce désir, d'ailleurs, de paraître toujours à son avantage, n'est pas un privilège de l'homme seulement: certains animaux de la gent volatile dès qu'ils veulent plaire ont recours à certains procédés pour rendre plus brillantes les nuances de leurs plumages et se rengorgent pour pouvoir en imposer, jusqu'à un certain point.

Le massage n'a que très exceptionnellement comme tâche d'aider ceux sur qui on le pratique à acquérir des qualités toutes nouvelles, qu'ils ne possédaient pas jusqu'alors, ou à supprimer des défauts de formes de nature congénitale. Cette tâche est plutôt du domaine de la chirurgie que de celui des procédés cosmétiques, dans le sens où l'on comprend d'habitude ces procédés. Ce que le

(1) D'après une conférence faite dans un cours complémentaire pour médecins.

massage peut faire est beaucoup plus modeste ; mais par contre on peut en faire usage fréquemment, et on peut l'utiliser en tout lieu et en tout temps. Il a pour but de faire regagner les qualités perdues ou empêcher aussi longtemps que possible la production des tares physiques, qui doivent tôt ou tard nous atteindre. Il n'est pas difficile de constater qu'il y a chez l'homme, une relation intime entre l'aspect extérieur et les dispositions d'humeur, ou, si l'on veut, entre l'aspect extérieur et l'état moral. De même qu'un chagrin jette quelque ombre sur notre visage, une apparence fraîche exerce une influence favorable sur la confiance que nous

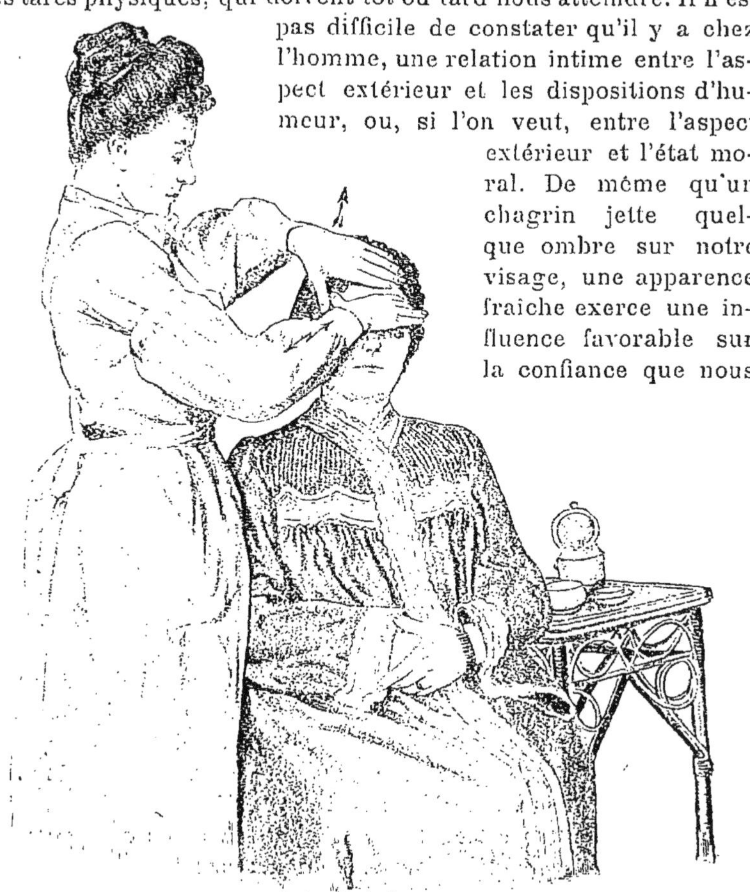

FIG. 1. — *Massage du front par frictions.*

La masseuse est debout à droite de la patiente. La main droite, en pétrissant, se meut dans une direction transversale. Les mouvements sont en zigzags commençant à l'os nasal et se prolongeant sur le front, jusqu'à la limite des cheveux. La main gauche, simultanément, opère un mouvement d'effleurage léger, en commençant aux saillies du front, et cette main le prolonge en hauteur jusqu'au sommet de la tête.

avons en nous-mêmes, et nous engage à travailler et à produire.

D'autre part, être entouré de visages gais et d'êtres pleins de fraîcheur est un fait agréable que l'on est porté à rechercher.

Shakespeare a décrit dans sa tragédie de César, l'humeur sombre et chagrine, qu'un homme de mine rébarbative fait naître dans son entourage : « Que j'aie, dit l'un des personnages, autour de moi des hommes qui soient gras, ayant la tête couverte de cheveux lisses, et qui aient bien dormi la nuit. Ce Cassius furieux a un regard maigre et affamé. Il pense beaucoup trop. Des hommes de ce genre sont dangereux ».

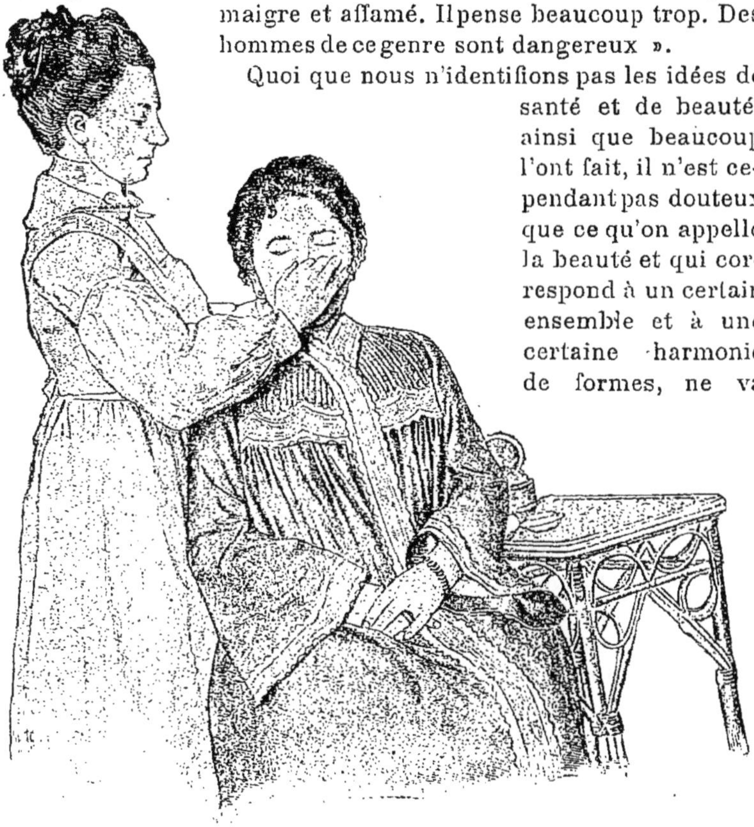

Quoi que nous n'identifions pas les idées de santé et de beauté, ainsi que beaucoup l'ont fait, il n'est cependant pas douteux que ce qu'on appelle la beauté et qui correspond à un certain ensemble et à une certaine harmonie de formes, ne va

FIG. 2. — *Pétrissage du nez avec la face palmaire de la phalange unguéale du pouce et de l'index de la main droite.*

Le mouvement en zigzags, composé de légères vibrations, s'étend de la pointe jusqu'à la racine du nez ; la masseuse passe avec les deux doigts de chaque côté, sur les ailes du nez. La masseuse se tient du côté droit de la patiente et sa main gauche soutient la nuque.

pas sans une certaine fraicheur, sans une animation qui n'est que le reflet de la santé.

L'extérieur de l'homme, celui qu'on remarque et qu'on peut observer au premier coup d'œil, dépend cependant surtout de l'alimentation générale. L'on ne paraît pas à son avantage si l'on est *trop maigre* ou si l'on est *trop gras*. Dans ce dernier cas l'on plaît moins encore, surtout si l'on est dans la fleur de la jeunesse. L'obésité entrave les mouvements nécessaires à la mimique ; la maigreur accentue au contraire ces mouvements et les rend disgracieux. Une alimentation insuffisante exerce toujours une influence fâcheuse sur le système nerveux ; et quand celui-ci est mal nourri, il perd la puissance nécessaire pour maintenir les petits vaisseaux sanguins dans l'état de vasodilatation propice : ce qui est très fâcheux car c'est de la tonicité des vaisseaux du revêtement cutané, des vaisseaux de la figure surtout, que dépend la fraicheur et par conséquent la beauté du teint, le poli, l'éclat semblable à la soie, la fermeté, l'absence de petites rides et de plis, et la non production d'accumulations graisseuses.

Un procédé thérapeutique médical qui a pour effet de répartir favorablement les produits de l'alimentation dans notre corps, et qui amène de ce fait des modifications heureuses dans les parties des membres qui restent exposées à l'air, est qualifié à juste titre du nom de *remède cosmétique*. Un semblable remède peut d'ailleurs aussi devenir un vrai remède *hygiénique*, car, l'homme qui sait son aspect extérieur séduisant a de la confiance en lui-même et en sa force de résistance et par suite évite plus qu'un autre la neurasthénie et l'hypocondrie.

Nous faisons très souvent appel aux moyens cosmétiques pour donner à la figure un modelage plus accentué, quand elle est devenue en quelque sorte vague, molle ou bouffie.

Les os du corps, les muscles qui leur sont attachés, subissent une transformation du fait d'exercices gradués, de même les traits du visage, par de longs et continuels exercices, deviennent capables d'une faculté d'expression plus raffinée et plus vive ; cette comparaison seule explique comment l'on arrive à transformer des femmes à visage de poupées de cire en êtres animés et vivants.

Dans des circonstances tout à fait opposées, nous cherchons à supprimer les aspérités et les rudesses de la figure, en développant par place des pannicules graisseux.

Dans d'autres cas, nous cherchons à exciter la circulation des liquides nutritifs, le sang et la lymphe, pour obtenir un lavage plus rapide et plus complet des tissus et par conséquent pour donner à la figure une teinte plus régulière et plus pure.

Les tailleurs et les modistes peuvent modifier les formes des parties du corps qu'ils recouvrent de vêtements et ils ne se gènent pas pour recommander, sous prétexte de « modernisme », des costumes nuisibles à la santé générale. Nous, au contraire, nous ne préconisons que l'emploi de moyens cosmétiques, à actions réelles sur les tissus superficiels et sur les tissus profonds, que l'emploi des moyens propres à fortifier la santé générale. Nous n'ignorons pas qu'il est des gens pour trouver beau qu'un visage soit pâle, et demeure en quelque sorte une expression vivante de la douleur ; mais nous nous refusons absolument aux pratiques que ces gens recommandent sous le nom de remèdes cosmétiques, parcequ'elles n'ont pas simultanément les propriétés des remèdes hygiéniques.

Quand nous cherchons à supprimer le caractère flou d'un visage, ses teintes bleuâtres par places, quand nous cherchons à remédier à un maintien un peu déjeté de la colonne vertébrale, nous faisons à la fois de la *cosmétique* et de l'hygiène.

Nous n'avons pas du tout l'idéal du peintre florentin de l'époque de la Renaissance, Sandro Botticelli, qui a fait de sa Vénus tant renommée, une femme qui semble arrivée aux dernières périodes de la phtisie. Nos pratiques cosmétiques n'ont jamais pour but d'altérer l'aspect robuste des formes et de donner l'apparence de la fragilité maladive : la faiblesse n'est pas du tout synonime de beauté pour la femme. Aussi les remèdes qui accentuent la faiblesse doivent être absolument proscrits : il faut défendre aux femmes de boire du vinaigre, d'absorber de la glande thyroïde, de faire des cures de citron, car ces pratiques peuvent déterminer un amaigrissement rapide et par suite détruire l'équilibre de la santé ; il faut au contraire recommander le massage qui, lui, peut donner aux chairs de la souplesse et de l'éclat.

Ce massage peut théoriquement être à la portée de tout le monde, car ceux qui doivent l'exécuter n'ont pas besoin de posséder des connaissances approfondies sur ce qui se passe dans le corps humain, dans l'état de santé ou dans l'état de maladie: il leur suffit d'avoir de la bonne volonté et de l'habileté manuelle et surtout de bien connaître les manœuvres qui sont efficaces.

Il est remarquable que, de tous les traitements physiques, ce soit le massage qui soit le plus en vogue, et que l'on soit cependant peu d'accord sur ce qu'il soit et sur ce qu'il comprend.

Pour notre part nous entendons sous ce nom, *une série de manipulations que l'on applique systématiquement sur le corps humain, soit dans le but de guérir, soit dans une intention d'hygiène, soit comme moyen pour établir ou développer la beauté.* Ces manipulations sont accompagnées d'exercices et de mouvements actifs ou passifs.

Dans bien des circonstances des appareils spéciaux peuvent remplacer les mouvements manuels du masseur, mais en tous cas, lorsqu'il s'agit de massages cosmétiques sur la figure, les manipulations les plus efficaces, à savoir : *les pétrissages, ne peuvent être exécutés qu'avec les mains.* Sur cette partie du corps, en effet, la peau et les muscles recouvrent les os d'une couche peu épaisse, et l'on ne peut les soulever qu'avec des doigts et avec une main flexible élastique, musculeuse et qui ne soit pas de trop grandes dimensions : c'est une main de femme en somme qui peut rouler et fouler le mieux. Quand l'on utilise des rouleaux, des cylindres et de petites billes, on ne touche que la surface extérieure de la peau, et l'effet n'est guère qu'une irritation de cette dernière; les pétrissages avec les doigts, au contraire causent un effet d'aspiration et de refoulement dans les vaisseaux sanguins et lymphatiques. Il n'y a que les machines à secousses et à chocs se succédant rapidement, appelées vibrateurs, qui sont construites sur le modèle des

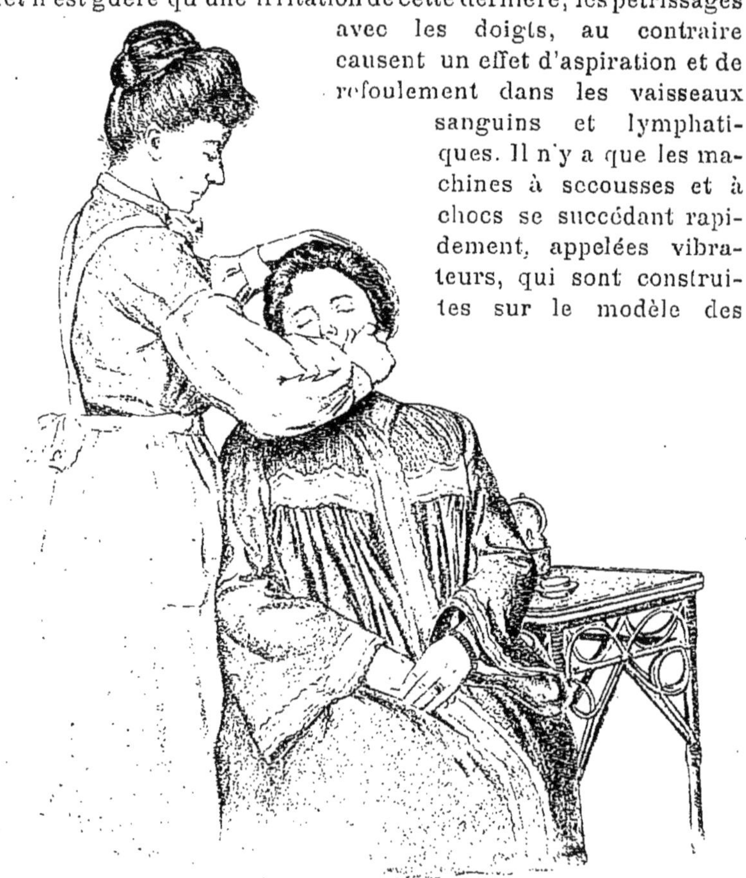

FIG. 3. — *Pétrissage de la joue gauche.*
Double mouvement. La main droite, à moitié fermée, se meut dans la direction transversale de la figure, du centre vers l'extérieur, puis, dans le sens inverse, en se relevant simultanément, à partir de la mâchoire inférieure, jusqu'à l'os maxillaire supérieur, en prolongeant le mouvement jusqu'au-dessous de la paupière inférieure.

machines à perforer des dentistes, auxquelles on adapte les appendices de formes les plus diverses, que nous nous permettons de recommander. Ces machines sont mises en action au moyen des pieds, des mains ou de petits moteurs électriques. Ce sont surtout les petits appareils, dits vibrateurs et introduits depuis peu qui sont les plus propices à cet effet. Ils sont légers et faciles à porter et n'ont besoin que d'être très rarement graissés. La main gauche tient l'appareil et l'applique sur la partie du corps voulue, alors que la main droite tourne la manivelle. Les secousses légères qu'elles déterminent et que nous utilisons durant quelques minutes sont la cause d'un fort resserrement des fibres musculaires ; il en est de même des compressions par la main du masseur se suivant d'une manière rythmique, sur les vaisseaux enfermés dans les muscles, ou sous la peau : elles sont la cause d'une légère irritation des nerfs, qui se transmet en retour aux vaisseaux, les stimule, et de ce fait produit un déplacement plus rapide de l'ondée sanguine. Elles ont en outre un effet égalisateur dans les cas où la sensibilité est exagérée ou affaiblie ; *elles font disparaître les rougeurs et les pâleurs* dont sont atteintes nombre de personnes impressionnables dès la moindre émotion.

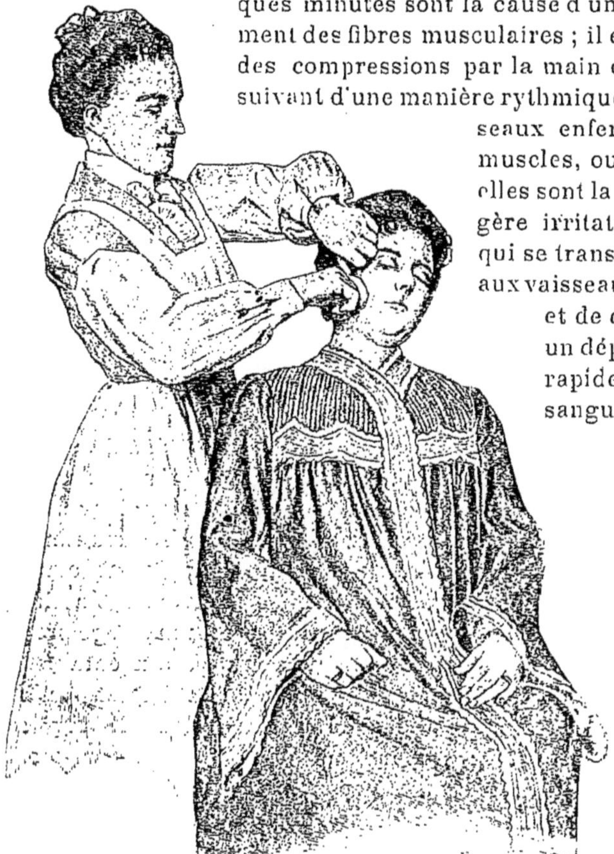

FIG. 4. — *Pétrissage de la joue droite avec les deux mains, fermées à moitié, dans la direction transversale du visage.*
Ce sont principalement les pouces et les index qui travaillent; ces derniers sont repliés à angle droit. Le mouvement est prolongé vers la mâchoire inférieure et vers l'oreille droite, en passant sur l'os maxillaire inférieur, jusqu'audessous de la paupière inférieure droite. La masseuse se tient debout du côté droit derrière la dame.

Un effet régulateur est aussi obtenu par l'emploi de la pompe à air, que nous avons fait construire et qui est munie de divers appendices en forme de petites coupes de 3 à 5 centimètres de diamètre que l'on pose sur la peau de la figure et qu'on place à diffé rents endroits. Si l'on ne maintient ces petites coupes au même endroit qu'une ou deux minutes, les rougeurs et les tuméfactions, causées par l'aspiration, disparaissent très promptement. Dans tous les cas on n'obtient un effet quelque peu important, que si ces pompes à air sont mises en fonctionnement au moyen de moteurs semblables à ceux qu'on utilise pour les vibrateurs et principalement par des moteurs électriques.

Plusieurs auteurs, qui se sont occupés de ces questions, ne considèrent comme massage que les procédés pris dans le sens le plus restreint, à savoir les tapotements, les pétrissages, les pressions, les effleurages, les ébranlements et si l'on veut, aussi les secousses. Par contre ils envisagent comme étant du domaine de la gymnastique thérapeutique ou de la médico-mécanique, les mouvements des articulations, qu'ils soient causés par le travail du masseur (c'est-à-dire qu'ils soient des mouvements passifs) ou qu'ils soient exécutés par la personne en traitement elle-même (c'est-à-dire qu'ils soient des mouvements actifs, avec ou sans résistance).

Ces auteurs désirent aussi différencier les traitements de ce genre dans la pratique et ils constituent, de cette manière, deux spécialités : le *massage* et la *médico-mécanique* ou, si l'on veut, le *massage* et la *gymnastique thérapeutique*. Pour nous, nous n'envisageons pas qu'il soit nécessaire de séparer ces deux méthodes. Ce sont les exercices d'une espèce qui complètent ceux de l'autre genre. Il peut même arriver que les mouvements actifs ou passifs ne soient possibles que par l'entremise du massage proprement dit. Il peut arriver même qu'ils ne soient pas exécutables les premiers temps du traitement, et qu'ils ne le deviennent qu'à la fin de la cure. Les manipulations de massage, dans le sens restreint du mot, sont la préparation la meilleure pour que les mouvements actifs arrivent à la perfection.

Voici des faits qui sont une illustration de ce que nous venons de dire.

Un bras bien massé (c'est-à-dire pétri et foulé), surtout quand ce bras a diminué de volume à la suite d'une maladie, et n'a plus la même facilité de se mouvoir qu'auparavant, peut souvent faire un travail double, et même triple de celui d'un bras non massé, atteint de la même affection. Il en est de même d'un bras condamné à l'inactivité pour longtemps, à la suite d'une maladie, et qui ainsi se rétablit beaucoup plus vite de sa faiblesse et perd sa maigreur, grâce à un massage exécuté journellement. Aussi afin qu'un bras qui a dépéri et qui est amaigri reprenne des formes plus pleines et par conséquent plus belles, il doit être soumis à la fois au massage et aux exercices qui peuvent être d'ailleurs plus ou moins simples, consister en exercices d'haltères, soulèvement de seaux d'eau, etc.

Pour les jambes qu'on désire faire engraisser, on peut faire monter un certain nombre de fois, une échelle d'appartement en forme d'escalier.

Un front, dont les muscles, soit parcequ'ils sont garnis de fortes quantités de graisse, soit parcequ'ils sont légèrement paralysés à la suite d'une affection des nerfs de la face, ne prennent plus qu'une part minime au jeu de mimique du visage, obtient au bout d'un temps assez court, la possibilité de se plisser. Cela arrive bien facilement quand il n'y a pas d'affections organiques profondes, et on soumet méthodiquement la partie respective au pétrissage et à l'effleurage et si, en même temps, l'on exécute des plissements avec les doigts. La formation des plis se fait bientôt, par la suite, activement, en se conformant aux propres impulsions de la volonté de l'individu, ou au commandement et même sans que la personne en prenne conscience, par mouvements d'association, suivant la marche de la pensée.

Un front dont une partie a maigri, ou dont une portion des muscles manque de résistance et se laisse tasser très facilement, reprend sa vigueur et sa forme quand par le massage on lui permet d'être mieux irrigué par le sang.

Il serait tout à fait irrationnel de croire que le massage cosmétique n'est que le massage de la figure.

Nous savons que certains désordres en des endroits variés du corps humain, des troubles de la digestion, des affections des organes génitaux, peuvent altérer les couleurs du visage, par une voie en quelque sorte réflexe. Chacun connait la couleur gris-cendrée du visage de malades de l'estomac, et les yeux cernés des personnes atteintes de maladies des organes génitaux. Nous pouvons considérer à juste titre, comme moyens favorisant la beauté, les méthodes de traitement qui font disparaître ces causes. Nous pouvons poser les mêmes conclusions en ce qui concerne d'autres pratiques.

Le massage énergique du ventre, étendu aux cuisses et au dos, produit un changement général, renforçant l'assimilation et la désassimilation, et a pour résultat une absorption de la graisse, non encore emmagasinée depuis trop longtemps. En outre de ses effets locaux d'amélioration esthétique, consistant en une diminution des dimensions excessives des cuisses et du ventre, ce massage produit un effet indirect sur la figure. Les phénomènes d'engorgement du visage disparaissent: celui-ci devient plus mobile et ses couleurs paraissent plus uniformes. D'un autre côté quand ce massage est pratiqué sur les personnes maigres, par suite de l'excitation de la circulation et la digestion, il permet de recourir à une alimentation renforcée et conséquemment il produit un embonpoint plus fort. Et dans ce cas bien entendu, l'augmentation du poids du corps se manifeste également au visage qui devient plus plein, avec des tares moins visibles.

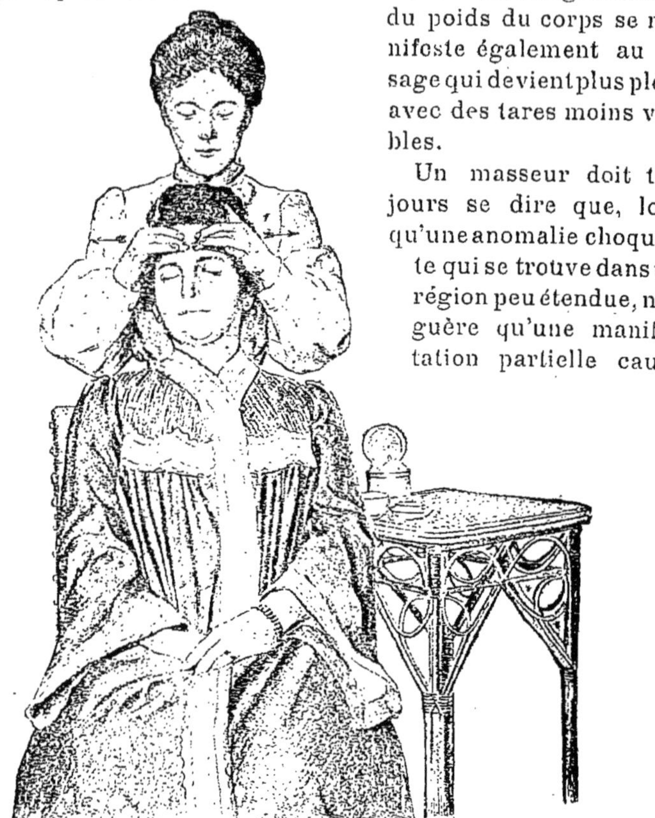

FIG 5. — *Lissage des rides du front.*
Effleurages au moyen des index et des majeurs des deux mains, dans la direction transversale du front. On commence au centre du front et l'on continue jusqu'à la région des tempes. La masseuse se tient debout derrière la dame.

Un masseur doit toujours se dire que, lorsqu'une anomalie choquante qui se trouve dans une région peu étendue, n'est guère qu'une manifestation partielle causée par l'état général de l'alimentation, il est beaucoup plus difficile de la faire disparaitre par le massage de la région anormale seule, que si l'on étend les procédés à *de plus grandes surfaces du corps.* En massant énergiquement et longtemps un seul endroit l'on cause ordinairement une irritation inflammatoire, plutôt que le changement de volume que l'on désire : Ainsi, par exemple, c'est un essai entièrement vain, que de vouloir faire disparaître le double menton d'une personne grasse, en procédant à un massage sur son menton uniquement.

Il faut néanmoins tenir compte quand il s'agit des effets que l'on peut obtenir sur de grandes surfaces cutanées, que les parties lésées et les tissus morbides (bien entendu nous ne faisons pas allusion ici aux tumeurs malignes ou même aux tumeurs bénignes qui relèvent de la chirurgie) sont plus facilement influencées par les procédés de massage que ne le sont les tissus *normaux* qui font par-

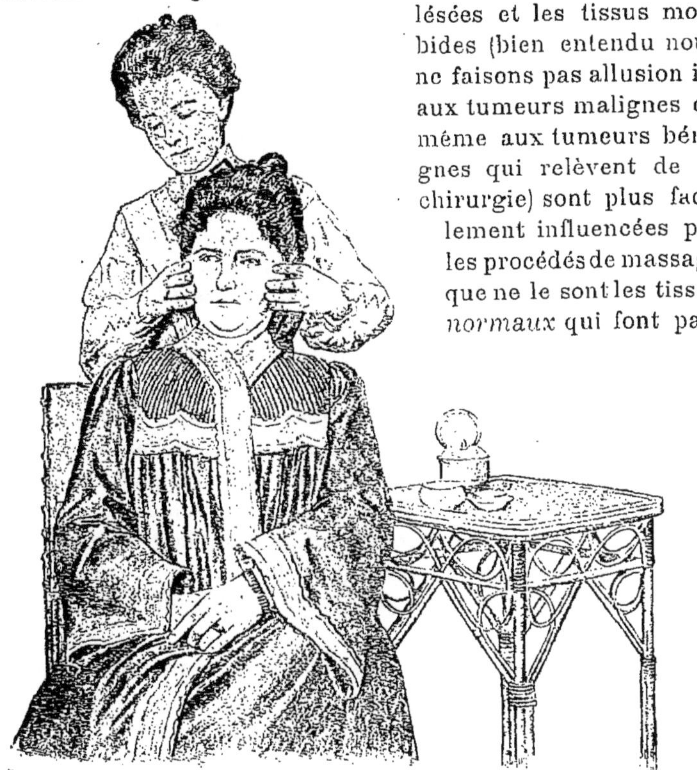

FIG. 6. — *Ebranlement du visage.*

Les doigts des deux mains, à l'exception des pouces, s'appuient sur les joues, entre les os maxillaires supérieurs et la branche ascendante de la mâchoire inférieure La masseuse commence à ébranler la peau, en rapprochant et en écartant à tour de rôle, et aussi vite que possible, les bouts des doigts. A la suite d'un certain nombre de ces ébranlements sur un endroit du visage, les « doigts tremblotants » sont appliqués à une autre place. Les pouces restent libres sans toucher le visage. La masseuse est debout derrière la dame.

tie intégrale de l'individu : c'est là une règle qui ne souffre d'exception qu'en ce qui concerne les tissus formés depuis très longtemps et qui par cela même se sont acquis des droits d'ancienneté. Voilà pourquoi, il y a de plus grandes difficultés à transformer d'une manière favorable des formes extérieures altérées par des causes générales et persistantes, comme la manière de vivre, les conditions climatiques, l'entourage et l'hérédité qu'à causer des changements des parties du corps, dont l'apparence a été altérée par des maladies survenues accidentellement.

Sur les altérations causées par des maladies, nous pouvons agir d'une façon d'autant plus facile, que la cause du mal ne continue plus, et que nous n'avons plus affaire à la maladie proprement dite. Il en est ainsi dans les suites des couches faites difficilement, dans les convalescences des graves maladies infectieuses, des maladies du poumon ou dans les manifestations d'hystérie à la suite d'ébranlements du système nerveux.

Quand il ne s'agit que d'une transformation provenant d'une maladie *locale*, par exemple, une cicatrice, des tuméfactions consécutives à un érésypèle de la face guéri, certains exanthèmes locaux de la peau ou de mauvaises couleurs du visage, il suffit de s'en tenir au massage de la figure, ou du cou et de la nuque, pour obtenir plus ou moins le résultat désiré. Il n'en est pas de même cependant, s'il y a eu des dérangements généraux de l'alimentation qui sont la cause de l'apparence défavorable de la figure. Dans ce dernier cas, ce n'est que si le massage améliore l'alimentation complète, le bien-être général de l'individu, que l'apparence des parties du corps, qui ne sont pas cachées par les vêtements, sera embellie. Un gros nez est moins proéminent, quand la personne amaigrie engraisse de plusieurs livres, et un double menton est moins saillant, quand il y a eu perte générale du poids du corps.

S'il suffit généralement pour obtenir une apparence plus belle, de la figure au point de vue du *teint* d'avoir recours au massage, il n'en est plus ainsi, dès qu'il est nécessaire de causer un *changement de volume* du corps, et de faire disparaître la maigreur ou l'obésité. Si l'alimentation n'est pas rationnée aussi bien dans sa quantité que dans sa qualité, les résultats ne sont guère que restreints. D'un autre côté, le massage est le complément d'une diète sévère qui a duré longtemps. Les personnes obèses, de même que les gens maigres et les goutteux qui ont été longtemps soumis à un régime diététique très réglementé, ne retombent pas aussi promptement dans leur ancien état dès qu'ils passent à une diète un peu moins rigoureuse, quand on leur fait subir un massage systématique. Les résultats des cures à Marienbad, à Kissingen, à Franzensbad et à Vichy se maintiennent très longtemps, quand ces cures sont complétées par le massage.

D'autre part un régime basé sur la diète et le rationnement quoique établi d'après des expériences physiologiques devient bientôt intolérable, la cause de faiblesse du cœur, une source d'énervement et le créateur d'hypocondrie quand il est imposé à des personnes déjà nerveuses, s'il n'est pas complété par le massage que favorise l'assimilation et la désassimilation. Dans d'autres cas, le massage peut servir d'adjoint à ces différentes sortes de diètes, dont la mode s'est tellement répandue dans certains cercles de la société ; c'est-à-dire dans l'application soit des régimes sans condiments, soit des régimes végétariens, soit des régimes d'abstinences de boissons alcooliques et autres semblables. Les bons effets sont surtout manifestes si le massage fait partie du traitement.

Il faut retenir un fait : il est des obèses dont l'aspect extérieur s'embellit lorsque des exercices de gymnastique ont augmenté la souplesse et la mobilité de leurs membres et le massages suractivé leurs échanges organiques. Le poids du corps n'a cependant pas diminué, cela tient à ce que ces personnes possèdaient de fortes masses de graisse, mais avaient des muscles grêles ; or, comme chacun le sait, la graisse est plus légère que les muscles. De telles personnes, pour embellir, doivent plutôt voir le poids absolu de leur corps augmenter. Le but de la thérapeutique doit être envers elles moins la diminution de la graisse, que le développement des muscles.

Le massage de parties du corps (comme le ventre, le dos et les reins) est surtout indiqué dans les années où la circulation du sang chez les dames d'un certain âge, est soumise à de profondes perturbations, c'est-à-dire dans les moments pendant lesquels l'extérieur de leurs figures souffre tant des congestions céphaliques, des sensations de chaleur et de sueur, qui les traversent par intermitence. Ce massage fait l'effet d'un dérivatif de la tête et des organes intérieurs, vers la peau et les muscles du tronc et des extrémités, et sert à produire une amélioration du teint de la peau du visage, en conservant la congestion dans l'autre partie du corps, celle qui est enveloppée de vêtements.

Mais pour causer des transformations aussi importantes dans le corps humain, il faut une action qui s'étende profondément. Or il est certain qu'on n'en arrive pas à cette action par des effleurements et des frottements superficiels, au moyen de petites billes ou de rouleaux. Pour cette raison le massage que l'on fait soi-même (auto-massage) avec des instruments quelconques, ou simplement avec ses doigts, est de valeur très minime. On ne peut jamais avec ses *propres* doigts exécuter des pétrissages et des foulages étendus, et à grands traits, comme cela est nécessaire, si l'on veut activer le courant du sang ou de la lymphe de façon à favoriser l'assimilation et la désassimilation des matières.

En outre, les mains d'une personne se fatiguent très vite, lorsqu'elle veut exécuter elle-même son massage, quelque soit sa volonté de le pratiquer d'une façon suffisamment énergique. Et comme les doigts fatigués deviennent très vite raides et ne peuvent plus augmenter l'irrigation sanguine des parties du corps sur lesquelles ils ont pu travailler, on n'a plus guère, comme résultat par ce massage, qu'une irritation plus ou moins forte des tissus. Ceci se remarque le plus souvent à la fin de manipulations même longues de la figure, au moyen de rouleaux et de cylindres.

De plus, à propos du massage, que l'on désire faire soi-même, il faut aussi tenir compte des circonstances suivantes toutes spéciales. Puisque le massage cosmétique ne comprend pas seulement le massage de la figure, et que nous ne pouvons attendre que dans des cas très restreints, des effets bienfaisants de la réduction de ce massage à la figure seule, — nous introduisons dans le champ

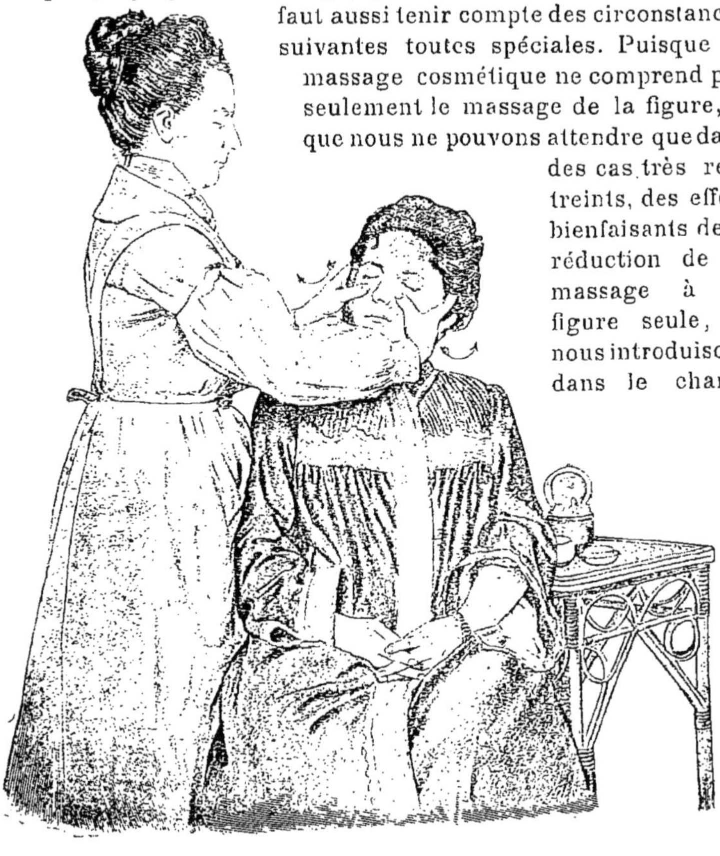

FIG. 7. — *Effleurage des rides sous les yeux avec les deux pouces.* Le mouvement commence au dos du nez, et est dirigé par-dessus les os maxillaires supérieurs sous les paupières inférieures, jusqu'à la région des tempes.

d'action de la *Cosmétique*, la nuque, le cou, les épaules, les hanches, etc. — le massage, quelque désir que l'on en ait, n'est plus exécutable sur soi-même, car le travail des deux mains doit être dirigé dans certaines directions précises ; il doit se fondre et se lier également si l'on veut obtenir des résultats complets et non des progrès ou des améliorations très restreintes.

Le massage cosmétique s'est engagé, ces dernières dizaines d'années, dans une voie funeste sous l'impulsion des fabricants de remèdes cosmétiques, de pâtes, de poudres, d'huiles, d'essences et de fards, qui l'ont exploité pour en arriver, avec leur très vaste réclame, à vendre à des prix relativement élevés des produits cosmétiques de valeur inférieure, et à livrer sous son couvert, quantité d'appareils: nous voulons parler des petites roues, des cylindres, des pointes en os, en bois, en celluloïd, qui servent à appliquer, à frotter et à bouchonner avec certains cosmétiques; nous voulons parler des pulvérisateurs, et des rouleaux dits vibrateurs et des soi-disant appareils pneumatiques.

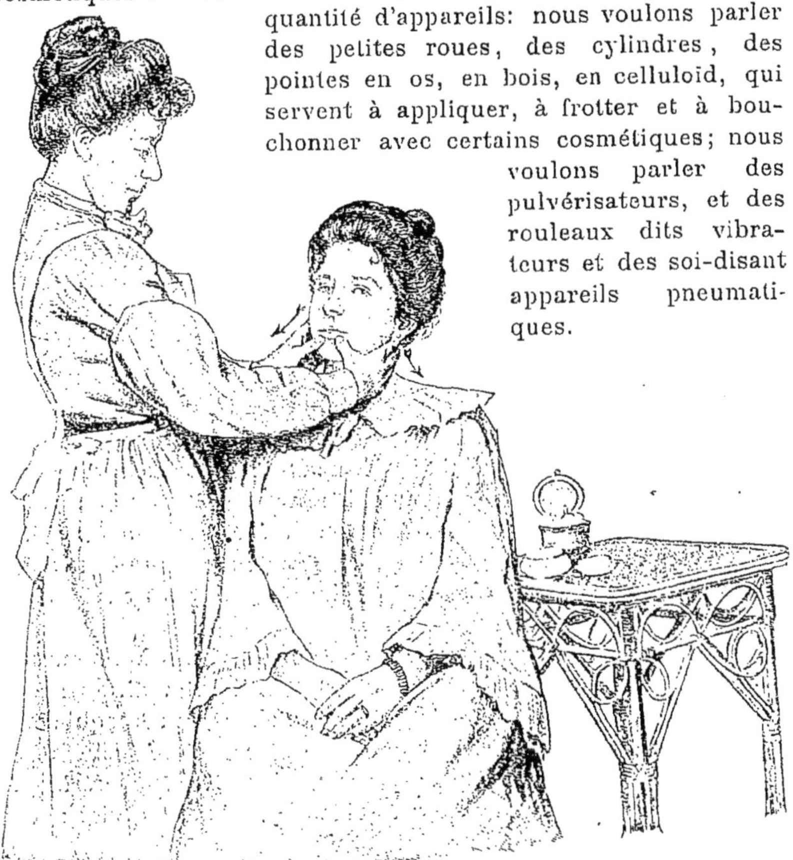

FIG. 8. — *Effleurage du sillon entre le menton et la lèvre inférieure.*

Cet effleurage, exécuté avec les deux pouces, est commencé exactement au-dessous de la lèvre inférieure et est continué jusqu'aux branches ascendantes de la mâchoire inférieure. La masseuse se place à droite de la dame.

Les rouleaux dits vibrateurs se composent de trois billes fixées sur une tige qu'on promène sur la figure ; ils ne déterminent nullement des effets analogues à ceux des vibrations, mais une simple action de foulage.

Les appareils pneumatiques sont formés de coupes de verre

et de canules de diverses formes et dimensions, qui sont des espèces de ventouses munies à leur extrémité supérieure d'une ouverture qui s'ouvre dans un ballon aspirateur, par l'intermédiaire d'un tuyau en caoutchouc.

Ce ballon est comprimé à plusieurs reprises, pendant que l'on promène sur la figure, dans la direction des rides et des sillons, la canule de verre, ou pendant que l'on place sur les joues la coupe de grandes dimensions. Il se produit, dit-on, de cette manière une légère aspiration de la peau, et par conséquent un lissage momentané des rides. Mais l'effet de cet appareil sur le lissage des rides est si minime, qu'il ne peut pas être envisagé comme un moyen cosmétique, surtout si on le compare à l'appareil dont nous avons parlé plus haut, et dans lequel l'aspiration de l'air se fait automatiquement par une massive pompe à air.

Nous en dirons autant d'un autre instrument si recommandé par les profanes : nous voulons parler de ces petites machines à électriser appelées boîtes de Faraday, actionnées par des piles sèches. Une des électrodes, en forme de cylindre, est placée dans l'une des mains pendant que l'autre main maintient l'autre électrode, qui a la forme d'un cylindre de massage, et la dirige dans la direction des rides du visage. L'effet de ce massage électrique est bien inférieur à l'effet du massage des appareils pour massage par vibrations, qui peuvent faire 2000 vibrations à la minute, et déterminer des secousses mécaniques assez violentes ; bien inférieur à l'effet du vibrateur de notre pratique dont l'appendice en forme de champignon un peu plat, est environ de la grandeur d'une pièce de cinq francs.

On peut surtout recommander les petits vibrateurs à moteurs à main, que nous avons déjà cités, qui causent il est vrai, un nombre de chocs à la minute bien inférieur aux chocs de ceux qui sont à moteur électrique, mais qui ont l'avantage d'être facilement transportables et de ne pas dépendre d'une installation électrique.

Le pulvérisateurs, au contraire, qui sont munis d'une cloche de verre, dans laquelle on introduit sa figure, pour l'exposer à la vapeur d'eau, ne peuvent pas être considérés comme des appareils à effets utiles.

A la suite de bains de vapeur fréquemment répétés, la peau devient extraordinairement sensible aux influences de la température, et l'obligation d'utiliser un cosmétique pour la protéger contre l'effet de l'air un peu frais, s'impose tout naturellement, Aussi les maisons qui font la vente de ces pulvérisateurs que nous avons cités plus haut, offrent toujours des pâtes, des fards et des crêmes, à employer avant, après et pendant l'emploi du pulvérisateur, des ventouses et des rouleaux tout simples et enfin des rouleaux électriques ; c'est là du commerce et non plus de la thérapeutique.

Les appareils à vibrations que nous utilisons sont tout particulièrement commodes à faire fonctionner, quand on dispose d'une conduite électrique servant à l'éclairage, car l'on utilise alors cette conduite; il en est de même quand l'on peut avoir des accumulateurs.

Plus un mal est difficile à supprimer, plus on lui oppose de remèdes et de petits moyens divers. Il en est justement ainsi lorsque l'on se trouve en présence de la tâche, qui consiste à conserver ou à rétablir la beauté qui disparait, ce qui correspond à un besoin général de l'humanité. Mais, suivant en cela les lois naturelles et générales de la fragilité des choses de ce monde, la beauté ne peut pas être maintenue d'une manière très durable, malgré toutes les peines que l'on peut se donner. C'est après que les rides se seront installées définitivement que les moyens propres à les masquer seront les bienvenus ; mais alors, ce ne sera plus la peau, mais bien plus les cosmétiques, les poudres, les crêmes, les fards qui la recouvrent, qui se présenteront à l'œil de l'observateur, *et ces cosmétiques constituent alors des applications de prothèse, tout à fait analogues aux fausses dents et aux faux cheveux*, dont on s'embarrasse dans le même but.

Dans ces conditions, autant la combinaison de l'emploi de cosmétiques avec le massage de la figure, c'est-à-dire l'utilisation simultanée de ces deux moyens est à rejeter, autant leur emploi successif peut être recommandable.

Nous proscrivons l'emploi simultané parceque quand on a procédé au massage, suivant les règles de l'art, les onguents causent un effet d'irritation sur la peau, n'étant pas assez lubrifiants.

Depuis un certain temps on a enseigné un massage cosmétique ; mais ce massage cosmétique n'est pour ceux qui le recommandent qu'un procédé propre à écouler diverses marques de parfumerie. Les pratiques qui le constituent sont si variées que l'élève a souvent un peu de peine à se souvenir du nombre de fois qu'il doit, dans une direction ou dans une autre, frotter et frictionner avec l'une ou l'autre pâte, au moyen d'un appareil de tel ou tel genre. Il oublie souvent combien de temps, et en quelle quantité il doit pulvériser et insuffler la vapeur émanée des essences et des eaux dites de beauté, etc.

Pour nous d'ailleurs, tout cela est de peu d'utilité ; nous dirons même plus, tout cela peut être nuisible :

Les cosmétiques ayant souvent pour résultat de produire une irritation de la peau, finissent par rendre réellement nécessaire l'usage des pâtes diverses, pour recouvrir et cacher les endroits qui ont été irrités. Leur emploi aboutit donc à un cercle vicieux.

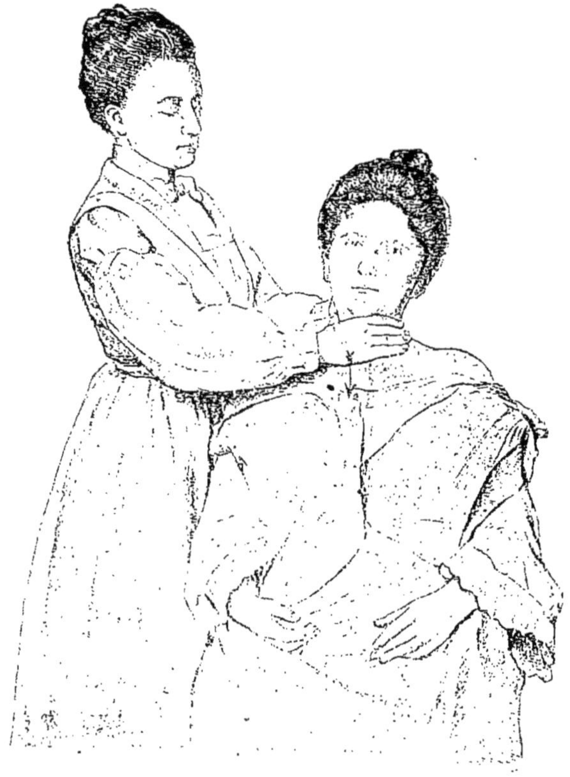

FIG. 9. — *Pétrissage du cou.*
Le mouvement commence exactement au-dessous du menton ; il est dirigé en bas sur la gorge et continuera dans la direction du cou, jusqu'au haut du sternum.

Aussi, si la peau du visage n'est pas tout spécialement amaigrie et séchée, et si les mains du masseur ne sont pas très osseuses et très rudes, tout onguent peut être mis de côté ; dans les autres cas, au contraire, on peut employer une quantité minime de graisse, mais elle doit être entièrement anodine, et ne constituer au fond qu'une matière lubrifiante.

La meilleure de ces matières lubrifiantes est la *vaseline blanche naturelle (Virginia vaselina alba).* Il suffit d'en prendre un gramme pour le massage de la figure et cinq grammes pour le massage de tout le corps. Mais il faut bien savoir que cette vaseline ne possède que bien rarement, dans les magasins de droguistes et dans les officines, la consistance que nous jugeons la plus propice. Elle est souvent trop collante, ce qui provient de ce que la plupart des formulaires officiels estiment que la vaseline ne doit point contenir d'eau, et que les pharmaciens et les droguistes utilisent cette graisse comme un onguent protecteur de la peau. Or l'eau dans la vaseine est nécessaire pour faire une masse qui soit un véritable lubrifiant. C'est là

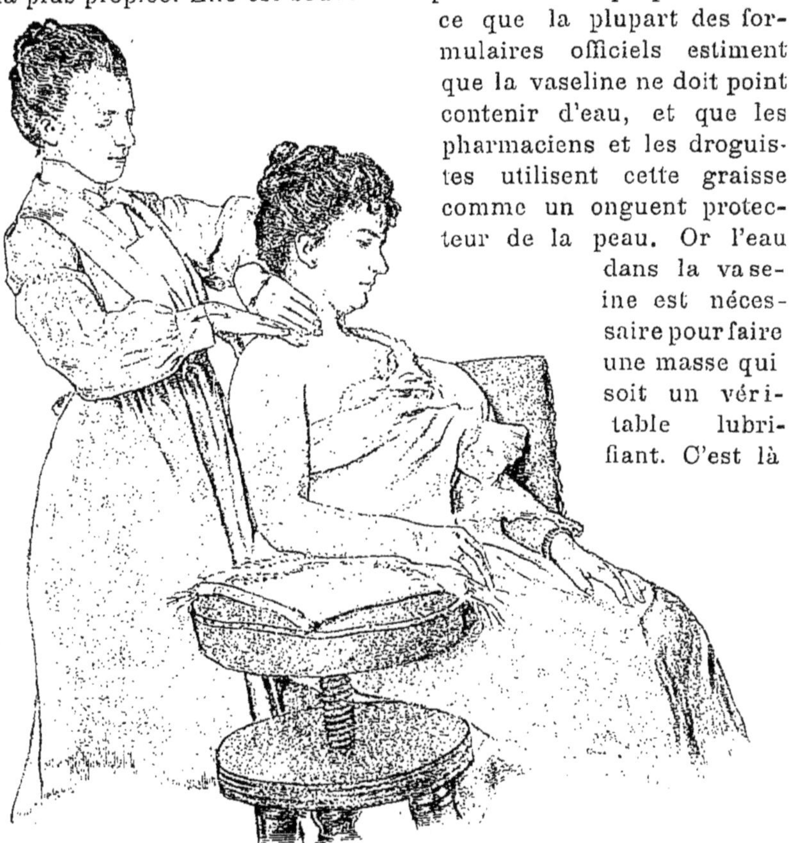

FIG. 10. — *Massage à frictions de l'épaule droite.*

Pendant que la main droite de la masseuse commence à se mouvoir sur le tiers supérieur du bras droit de la patiente, elle exécute les mouvements de pétrissage dans la direction transversale en passant sur l'articulation de l'épaule. La main gauche est conduite par un mouvement d'effleurage, accompagnant la main droite, par-dessus la région de l'épaule, vers le haut, sur le cou, jusqu'à la hauteur de l'oreille.

la raison pour laquelle nous réclamons des fabricants, qui nous fournissent notre vaseline qu'ils ne fassent pas évaporer entièrement l'eau qu'elle contient naturellement. C'est la raison pour laquelle dans nos commandes nous désignons la vaseline sous le nom de *Vaseline virginie blanche, premier genre, lubrifiante.*

Cette vaseline-là, quoiqu'elle ne se décompose pas immédiatement en ses éléments chimiques, est bientôt inutilisable, lorsqu'elle a été déposée un ou deux jours dans un vase qui est resté ouvert, surtout si ce vase est dans une chambre chauffée. La vaporisation de l'eau, rend la masse visqueuse, et la poussière qui s'y dépose, même si elle est très fine et très peu considérable, la rend irritable pour la peau.

On peut facilement éviter ces inconvénients en conservant tou-

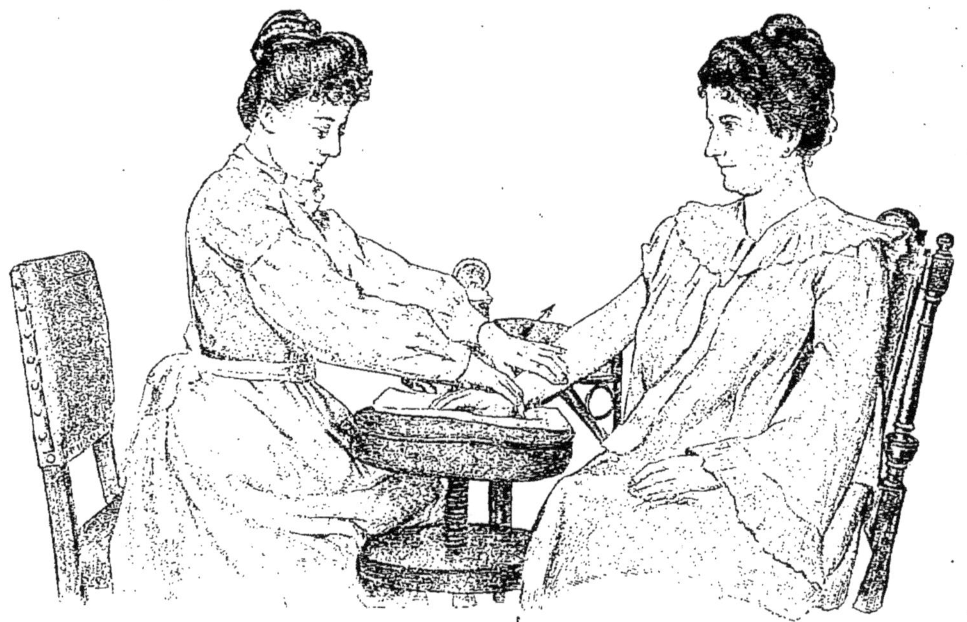

FIG. 11. — *Massage à frictions du poignet de la main droite.*
Pendant que la main droite de la masseuse, en comprimant par un mouvement de pétrissage en forme de zigzags, s'élève dans la direction longitudinale jusqu'au coude, la main gauche s'élèvera devant la droite jusqu'à l'articulation du coude.

jours la vaseline, destinée à l'usage journalier, dans une petite boîte, qui se ferme hermétiquement, qui n'en contiendra guère que vingt grammes au plus.

Les dessins que nous publions dans ce travail, ont été pris d'après nature. Ils représentent les procédés typiques, que l'on exécute en vue de développer la beauté de la figure, des épaules et des bras. Il suffit de les regarder, pour que toute description soit superflue.

Nous pouvons en outre nous épargner une description pédante

des mouvements des doigts du masseur, et passer sous silence des détails nombreux sur la direction des canaux de glandules sébacées des vaisseaux lympathiques et sanguins et des fibres des muscles de la peau. De telles données sont plutôt le fruit de combinaisons théoriques que d'observations. Nous ne sommes pas scrupuleux au sujet des directions du massage. Nous envisageons surtout qu'il est important que les doigts soient mus librement. Nous ne travaillons pas de nos doigts, mais avec la main et le bras aussi. Nous n'avons pas eu jusqu'à présent l'occasion d'observer le moindre dommage causé par de semblables mouvements. Mais bien entendu nous évitons les endroits recouverts de cheveux, qu'ils aient été rasés ou non. Nous employons les manipulations usuelles du massage, le pétrissage, les effleurages, les pressions, les ébranlements et les vibrations. Nous procédons au massage tous les jours. Mais nous trouvons qu'il est opportun d'interrompre, pendant quelques jours, le traitement, à l'époque mensuelle. Nous ne massons pas le visage plus d'un quart d'heure et nous ne prolongons pas plus de trente minutes le massage général du corps. Une durée plus longue des séances ne procure aucun succès plus profond, et est contraire au principe général des procédés de massage, qui est le suivant : il faut masser vite, avec dureté et avec entrain *(cito, tute et jucunde* (1).

Pour le massage de la figure et des parties du corps avoisinantes, on procède à des manipulations variées. Pour les décrire, nous supposons que le masseur ait à traiter, par exemple, une dame de trente ans, au teint fané, assez forte, et dont la figure a déjà la tendance à se couvrir de faibles rides. Les yeux de la patiente sont au préalable fermés, afin que les muscles du visage puissent être tout à fait relâchés, pendant la durée de l'opération : l'opérateur ne se tient pas devant elle ; il reste debout à son côté ou par derrière, et de cette façon il ne l'oppresse pas et ne la gêne pas.

Pendant les massages à frictions, la main droite fait des mouvements de pétrissage transversaux, et la main gauche des effleurages dans la direction de la longueur.

Nos divers procédés sont décrits comme commentaires des figures que nous publions ; nous y renvoyons le lecteur.

(1) Prof. Zabludowski : Technique du massage, Paris 1904. G. Steinheil, éditeur.

www.ingramcontent.com/pod-product-compliance
Ingram Content Group UK Ltd.
Pitfield, Milton Keynes, MK11 3LW, UK
UKHW020540230726
13925UKWH00006B/2386

9 782014 047738